Viralkumar Surati

# Experiência em microbiologia alimentar

Viralkumar Surati

# Experiência em microbiologia alimentar

ScienciaScripts

**Imprint**

Any brand names and product names mentioned in this book are subject to trademark, brand or patent protection and are trademarks or registered trademarks of their respective holders. The use of brand names, product names, common names, trade names, product descriptions etc. even without a particular marking in this work is in no way to be construed to mean that such names may be regarded as unrestricted in respect of trademark and brand protection legislation and could thus be used by anyone.

Cover image: www.ingimage.com

This book is a translation from the original published under ISBN 978-620-7-99889-0.

Publisher:
Sciencia Scripts
is a trademark of
Dodo Books Indian Ocean Ltd. and OmniScriptum S.R.L publishing group

120 High Road, East Finchley, London, N2 9ED, United Kingdom
Str. Armeneasca 28/1, office 1, Chisinau MD-2012, Republic of Moldova, Europe
Printed at: see last page
**ISBN: 978-620-8-04873-0**

# EXPERIÊNCIA EM MICROBIOLOGIA ALIMENTAR

**Editado por**

**Dr. Viralkumar Surati**

# Índice

# Prefácio

O campo da microbiologia alimentar é de extrema importância para garantir a segurança, a qualidade e o valor nutricional dos alimentos que consumimos. Os microrganismos desempenham um papel duplo nos sistemas alimentares; ao mesmo tempo que são essenciais para os processos de fermentação e preservação que produzem muitos dos nossos alimentos favoritos, podem também ser a causa da deterioração dos alimentos e das doenças de origem alimentar. Esta dicotomia exige um conhecimento profundo da dinâmica microbiana nos ambientes alimentares.

Esta experiência em microbiologia alimentar foi concebida para proporcionar aos estudantes e investigadores uma experiência prática na identificação, quantificação e caraterização dos microrganismos presentes em várias amostras de alimentos. Ao participarem nesta experiência, os participantes adquirem competências práticas em técnicas assépticas, cultura microbiana e testes bioquímicos, que são fundamentais para carreiras nas áreas da ciência alimentar, saúde pública e microbiologia.

Através de uma observação e análise meticulosas, os participantes desenvolverão uma compreensão abrangente da ecologia microbiana dos alimentos. Esta experiência não só reforçará os conhecimentos teóricos, mas também enfatizará a importância das técnicas microbiológicas para garantir a segurança e a qualidade dos alimentos. No final desta experiência, os participantes estarão mais bem equipados para contribuir para os avanços na microbiologia alimentar e para o desenvolvimento de práticas de produção alimentar mais seguras.

## Funcionamento e manuseamento de equipamentos e materiais comuns de laboratório de microbiologia

A microbiologia é um campo cativante que depende de equipamento e instrumentos específicos, que são parte integrante da profissão. Embora algumas destas ferramentas também sejam utilizadas em disciplinas relacionadas, como a bioquímica, a biologia e a medicina, os requisitos únicos da microbiologia tornam certas peças de equipamento indispensáveis. O principal deles é o microscópio, um instrumento fundamental para observar microrganismos que, de outro modo, são invisíveis a olho nu (Chauhan e Jindal., 2020; Grainger et al., 2001).

Esta secção fornece uma visão geral pormenorizada dos equipamentos e instrumentos microbiológicos essenciais, juntamente com as respectivas funções. Ao compreender o objetivo e a aplicação destas ferramentas, obtém-se uma apreciação mais profunda do seu papel no avanço da investigação e da prática microbiológica.

O laboratório de microbiologia, quer esteja localizado num centro de investigação, num hospital ou numa instituição académica, está equipado com instrumentos e equipamento específicos que o distinguem de outros laboratórios das ciências biológicas, biomédicas e médicas. Estas ferramentas são indispensáveis para a realização de experiências e técnicas microbiológicas, que seriam um desafio, se não impossíveis, sem elas (Chauhan e Jindal., 2020; Grainger et al., 2001).

O microscópio é um excelente exemplo desse equipamento essencial. A descoberta e o desenvolvimento do microscópio por cientistas notáveis, como Antonie van Leeuwenhoek e Robert Hooke, catalisaram o crescimento da microbiologia como um campo distinto dentro das ciências biológicas. O microscópio revelou o mundo anteriormente invisível dos microrganismos, formas de vida demasiado pequenas para serem observadas a olho nu (Gest., 2004).

## CENTRIFUGAÇÃO

Uma centrífuga é um equipamento essencial utilizado para separar suspensões ou partículas num líquido com base nas suas propriedades de sedimentação ou densidades. Nos laboratórios de microbiologia, as centrifugadoras são utilizadas para sedimentar ou separar diferentes macromoléculas, especialmente partículas, numa solução. Por exemplo, as amostras líquidas, como a urina e o sangue, podem ser centrifugadas utilizando uma máquina centrífuga. Este processo separa as soluções em dois componentes básicos: o sobrenadante e o sedimento. O sobrenadante, a parte líquida, é decantado do tubo para obter o sedimento ou depósitos no fundo.

Para efetuar esta separação, a solução é distribuída para um tubo, que é depois colocado na máquina de centrifugação para efetuar o processo de separação. Após a centrifugação, o sobrenadante, que permanece na forma líquida, encontra-se normalmente acima do sedimento ou pellets, que se depositam no fundo do tubo devido ao seu maior peso molecular. Este processo de separação é conhecido como centrifugação. Ocorre sob a influência da força centrífuga, que faz com que as partículas da solução se desloquem para fora e para o fundo do tubo, enquanto o sobrenadante fica por cima. Durante a centrifugação, as partículas mais maciças sedimentam mais rapidamente do que as menos maciças. É crucial garantir que os tubos que contêm as amostras experimentais têm o mesmo volume para manter o equilíbrio durante a centrifugação.

A centrifugação é caracterizada por várias velocidades e durações, normalmente expressas em rotações por minuto (rpm) ou revs min$^{-1}$. Existem diferentes tipos de máquinas centrífugas, cada uma concebida para funções específicas:

- **Centrifugadora de bancada pequena**: Funciona com um campo centrífugo relativo de 3000-7000 g.
  - **Centrífuga refrigerada de grande capacidade**: Equipada com uma câmara de rotor refrigerada incorporada e um campo centrífugo relativo de até 6500 g.
  - **Centrífuga refrigerada de alta velocidade**: Possui uma câmara de rotor refrigerada e um campo centrífugo relativo de até 60000 g.
  - **Ultracentrífuga**: Contém uma câmara de rotor refrigerada e um campo centrífugo relativo de cerca de 600000 g. Este tipo é utilizado para separar macromoléculas e outras substâncias ou organismos minúsculos, incluindo vírus, de uma amostra.

Uma máquina centrífuga simples inclui normalmente os seguintes componentes: um rotor metálico, tampa ou cobertura da centrífuga, tubos, fonte de alimentação, controlador de velocidade e controlador de tempo.

**Manutenção e conservação da centrifugadora**

- Leia sempre o manual do utilizador antes de utilizar a máquina centrifugadora.
- Manter a máquina sempre limpa, assegurando que qualquer líquido derramado é devidamente limpo.
- Respeitar os limites de massa e velocidade de cada rotor e/ou centrífuga ao centrifugar amostras experimentais.
- Certifique-se de que os tubos que contêm a amostra experimental estão corretamente equilibrados antes de centrifugar. Os tubos mal equilibrados podem danificar a máquina centrifugadora durante a centrifugação.
- Deixar o rotor parar completamente antes de abrir a tampa da centrifugadora.
- Após a centrifugação, limpar corretamente os rotores e os tubos com um desinfetante e uma toalha seca.
- Consultar o técnico do laboratório se surgirem problemas.

A compreensão e a manutenção adequada do equipamento de centrifugação são essenciais para operações laboratoriais precisas e seguras, garantindo resultados fiáveis em investigações microbiológicas (Basha., 2020).

## BALANÇA DE PESAGEM

As balanças de pesagem são ferramentas essenciais utilizadas para medir o peso de objectos, particularmente ágar em pó e reagentes, no laboratório de microbiologia. São utilizados vários tipos de balanças de pesagem para medir meios e outras substâncias, incluindo balanças de pesagem mecânica e balanças de pesagem química ou analítica. Estes instrumentos fornecem leituras ou valores exactos de materiais necessários para investigações microbiológicas.

**Manutenção e cuidados com a balança de pesagem**

- Seguir sempre as instruções do proprietário para a operação de cada balança de pesagem.

- Limpar o prato da balança após cada utilização com uma toalha seca.
- Deixar o prato da balança secar completamente antes de o guardar.
- Evitar armazenar o equipamento num ambiente húmido.
- Lubrificar (óleo) as peças das porcas e parafusos da balança.

A manutenção e o cuidado adequados das balanças de pesagem garantem a sua exatidão e longevidade, o que é crucial para medições precisas em experiências microbiológicas (Chauhan e Jindal., 2020).

## AUTOCLAVE

Um autoclave é uma peça fundamental de equipamento que permite a esterilização térmica de materiais sob pressão, utilizando vapor saturado. É utilizado principalmente em laboratórios de microbiologia para esterilizar meios de cultura e outros reagentes. A esterilização com um autoclave é normalmente conseguida em condições específicas, tais como 121°C durante 15 minutos a 15 psi. O princípio de funcionamento do autoclave é semelhante ao de uma panela de pressão utilizada em casa, utilizando calor húmido para a esterilização, em contraste com a esterilização por calor seco utilizada pelos fornos de ar quente.

**Componentes de um autoclave**

- **Junta de vedação**: Segura os materiais a serem esterilizados.
- **Tampa com válvulas**: Inclui válvulas de pressão e válvulas de vapor/ar.
- **Elemento elétrico**: Gera o vapor ou o calor necessário para o processo de esterilização.

Nos autoclaves convencionais, a(s) válvula(s) é(são) deixada(s) aberta(s) durante a fase inicial da esterilização até que todo o ar dentro da câmara seja deslocado. Uma vez atingido este objetivo, a válvula é fechada para permitir o aumento da pressão para uma esterilização eficaz. A esterilização em autoclave é um dos métodos mais fiáveis para esterilizar equipamento de laboratório, meios de cultura e reagentes, e também é utilizada para descontaminar culturas antigas, reagentes e resíduos com risco biológico antes de serem eliminados.

**Manutenção e cuidados com a autoclave**

* Leia atentamente o manual do utilizador antes de utilizar o autoclave.

* Deixar a pressão cair para zero antes de abrir a tampa.

* Não esterilize materiais combustíveis no autoclave.

* Comunicar as avarias ao técnico de laboratório.

* Esvaziar a água do compartimento de água após a utilização para evitar a formação de ferrugem.

* Verificar sempre o nível da água antes da utilização.

A manutenção e os cuidados adequados do autoclave asseguram o seu funcionamento eficaz e a sua longevidade, tornando-o um instrumento indispensável para garantir a esterilidade dos materiais na investigação e na prática microbiológica (Gillespie e Gibbons., 1975).

## MICROSCÓPIO

O microscópio é um instrumento essencial utilizado pelos microbiologistas para examinar microrganismos e objectos demasiado pequenos para serem vistos a olho nu. Esta ferramenta é indispensável não só para os microbiologistas, mas também para os biólogos e outros cientistas, uma vez que permite a observação de objectos que, de outra forma, seriam invisíveis. Quando os materiais são examinados ao microscópio, os objectos são ampliados para produzir uma imagem visível para o observador.

Existem vários tipos de microscópios disponíveis para examinar o mundo microbiano e outras estruturas minúsculas, incluindo:

* **Microscópio de luz**
* **Microscópio de contraste de fase**
* **Microscópio Confocal**
* **Microscópio de fluorescência**
* **Microscópio de electrões**

Cada tipo de microscópio tem as suas aplicações e vantagens específicas, tornando-os adequados a diferentes necessidades de observação em microbiologia e noutros domínios das ciências biológicas.

**Manutenção e cuidados com o microscópio**

- Ler atentamente o manual do utilizador antes de utilizar o microscópio.
- Manusear o microscópio com cuidado para evitar danos causados por quedas ou manuseamento incorreto.
- Desligue o microscópio da fonte de alimentação quando não estiver a ser utilizado.
- Limpar o microscópio com uma toalha limpa e seca após a utilização e guardá-lo corretamente. Nos laboratórios de investigação, os microscópios são frequentemente deixados nas bancadas dos laboratórios e cobertos com um pano ou linho após a utilização para os proteger do pó e de danos.

A manutenção e os cuidados adequados dos microscópios garantem a sua longevidade e funcionalidade, tornando-os instrumentos fiáveis para a investigação e a descoberta científicas (Chauhan e Jindal., 2020).

**medidor de pH**

Um medidor de pH é uma peça essencial do equipamento utilizado para determinar e manter a concentração de iões de hidrogénio (pH) de uma solução. Embora os indicadores de pH, como o vermelho de metilo ou o papel de tornassol, possam ser utilizados para estimar o pH, o medidor de pH fornece uma medição mais precisa. Os indicadores de pH são substâncias que mudam de cor num intervalo de pH específico. Exemplos comuns incluem o alaranjado de metilo, o vermelho de metilo, o vermelho de fenol, o vermelho do Congo, o azul de bromotimol, a fenolftaleína, o verde de malaquite e o papel de tornassol.

Os tampões, que são soluções que contêm um ácido fraco e a sua base conjugada em quantidades relativamente iguais e grandes, ajudam a manter o pH constante. Estas soluções resistem a alterações de pH quando são adicionadas pequenas quantidades de ácido ou base forte. Nas investigações microbiológicas, as soluções podem ser ácidas, básicas ou neutras, e o medidor de pH é utilizado para determinar o seu pH exato com base no equilíbrio entre ácidos e bases fracos.

Os principais componentes de um medidor de pH incluem:

- **Voltímetro**: Fornece a leitura do pH da solução.
- **Elétrodo de vidro**: Feito de vidro especial permeável apenas a iões de hidrogénio (H+), é crucial para medições precisas de pH.

**Manutenção e cuidados com o medidor de pH**

- Siga sempre o manual do utilizador ou as instruções do fabricante quando utilizar o medidor de pH.
- Manusear o elétrodo de vidro com cuidado e guardá-lo no seu suporte para evitar que se parta.
- Conservar o medidor de pH num local seco.
- Imergir o elétrodo de vidro numa solução tampão para manter e prolongar o seu prazo de validade.

A manutenção e os cuidados adequados do medidor de pH garantem a sua precisão e longevidade, tornando-o uma ferramenta indispensável para a medição precisa do pH na investigação e prática microbiológica.

## CABINA DE FLUXO LAMINAR DE SEGURANÇA BIOLÓGICA

Uma cabina ou capela de fluxo laminar de biossegurança é essencial para manter um ambiente limpo durante as investigações microbiológicas. Protege os trabalhadores ou cientistas da contaminação direta com os organismos ou materiais que estão a manipular, proporcionando um ambiente ideal para lidar com microrganismos patogénicos ou amostras infecciosas. O mecanismo de fluxo de ar incorporado na campânula exclui eficazmente todas as formas de contaminação durante as experiências laboratoriais. A cabina de fluxo laminar de segurança biológica é uma peça imóvel e delicada de equipamento de laboratório e deve ser colocada num local estável onde não seja necessário deslocá-la.

**Manutenção e conservação da campânula**

- Os utilizadores devem ler sempre o manual do proprietário antes de utilizarem o exaustor.

- Limpar e desinfetar a campânula com etanol a 70% antes e depois da utilização.
- A luz UV do exaustor só deve ser activada quando não estiver a ser realizado qualquer trabalho no armário.
- Assegurar que a cobertura de vidro da campânula é mantida ao nível recomendado durante a experimentação.
- Após a experimentação, cobrir corretamente a campânula, desligar a ventoinha e ligar a luz UV.

A manutenção e os cuidados adequados da cabina de fluxo laminar de segurança biológica garantem um ambiente de trabalho estéril, essencial para uma investigação microbiológica segura e exacta (Chauhan e Jindal., 2020).

## INCUBADORA

Uma incubadora é uma peça crucial do equipamento utilizado em laboratórios de microbiologia para fornecer a temperatura ideal, a concentração de oxigénio e outros factores ambientais vitais necessários para o crescimento de microrganismos. É utilizada principalmente para o crescimento de culturas microbianas, incluindo fungos e bactérias. A incubadora assegura a manutenção das condições físicas e químicas ideais necessárias para o desenvolvimento das células microbianas. Este tipo de incubadora é diferente da incubadora de $CO_2$ humidificada utilizada em experiências de cultura de células.

**Funções da Incubadora:**

- **Controlo da temperatura**: Mantém uma temperatura consistente para o crescimento ótimo de microrganismos específicos. Por exemplo, as bactérias são frequentemente incubadas durante 18-24 horas a 37°C.
- **Humidade**: Fornece níveis de humidade adequados para suportar o crescimento microbiano.
- **Concentração de oxigénio e $CO_2$**: Regula os níveis de oxigénio e dióxido de carbono para criar um ambiente ideal para as culturas microbianas.

As placas de Petri ou placas de cultura contendo microrganismos são colocadas dentro da incubadora, que é então regulada e deixada durante um período específico e a uma temperatura específica para permitir que os organismos cultivados se repliquem e aumentem o tamanho das células. O tempo e a temperatura de incubação variam consoante os diferentes tipos de microrganismos, pelo que é essencial adaptar estas condições para que os processos de cultura sejam bem sucedidos.

**Manutenção e cuidados com a incubadora**

- Leia sempre o manual do utilizador antes de utilizar a incubadora.
- Mantenha a incubadora limpa e limpe imediatamente os líquidos derramados com uma toalha seca.
- Certifique-se de que a fonte de alimentação da incubadora está ligada quando está a ser utilizada e desligada quando não está a ser utilizada.
- Empilhar corretamente as placas e garrafas de meios de cultura na incubadora para evitar que caiam.

A manutenção e os cuidados adequados da incubadora são essenciais para garantir o seu funcionamento eficaz e o crescimento bem sucedido de culturas microbianas, tornando-a uma ferramenta vital na investigação e diagnóstico microbiológicos (Chauhan e Jindal., 2020).

**FORNO DE AR QUENTE**

Um forno de ar quente é utilizado no laboratório para a esterilização de material de vidro, como placas de Petri de vidro, e outros materiais estáveis ao calor. Ao contrário do autoclave, que utiliza calor húmido para a esterilização, o forno de ar quente utiliza calor seco. O processo de esterilização num forno de ar quente é realizado em intervalos de tempo e níveis de temperatura variáveis, dependendo da natureza dos materiais a serem esterilizados.

**Pontos-chave:**

- **Temperatura e tempo**: Os parâmetros de esterilização são definidos de acordo com os requisitos do material.
- **Limitações de materiais**: Materiais combustíveis e solventes, como etanol, metanol e clorofórmio, não devem ser colocados dentro da estufa de ar quente. Para além disso, os materiais inflamáveis, o algodão, o vestuário de laboratório e

os plásticos não devem ser esterilizados na estufa.

**Manutenção e conservação do forno de ar quente**

- Leia sempre atentamente o manual do proprietário para garantir uma utilização correta e para obter o melhor desempenho do equipamento.
- Desligue o forno de ar quente quando não estiver a ser utilizado para evitar a acumulação de calor, que pode levar a potenciais riscos de incêndio.
- Apenas o material de vidro recomendado e os materiais estáveis ao calor devem ser esterilizados no forno de ar quente.

A utilização e a manutenção corretas do forno de ar quente são cruciais para garantir o seu funcionamento seguro e a sua eficácia na esterilização do equipamento de laboratório (Chauhan e Jindal., 2020).

## BANHO DE ÁGUA

Um banho-maria é um equipamento de laboratório essencial utilizado para manter os meios de cultura e outros reagentes a temperaturas termostáticas controladas e óptimas. É normalmente utilizado para manter a água a uma temperatura constante para incubar amostras e outros reagentes no laboratório de microbiologia. Os meios de cultura ou reagentes que necessitam de ser mantidos a uma temperatura específica antes de se proceder a outras investigações microbiológicas são colocados num recipiente suspenso no banho-maria. Embora semelhante em função a uma incubadora, o banho-maria utiliza água a uma temperatura constante para efetuar a incubação.

**Componentes do banho-maria:**

- **Termóstato**: Regula a temperatura.
- **Tanque de água**: Contém a água em que as amostras são imersas.
- **Aquecedor**: Mantém a água à temperatura desejada.
- **Serpentina de arrefecimento**: Pode ser utilizada para controlar a temperatura ou arrefecer a água.
- **Tampa ou tampa**: Evita a evaporação e mantém a estabilidade da temperatura.

**Manutenção e cuidados com o banho de água**

- Leia atentamente o manual do utilizador antes de utilizar o banho-maria.
- Evitar deixar os meios de cultura e os reagentes no banho-maria durante períodos prolongados para evitar o sobreaquecimento.
- Verificar o banho-maria antes da utilização para garantir que o reservatório está corretamente cheio de água.

- Verificar se o nível de temperatura está corretamente regulado para a temperatura pretendida.
- Desligue sempre o banho-maria da sua fonte de alimentação após a utilização.

A manutenção e os cuidados adequados do banho-maria asseguram o seu desempenho eficaz e a sua longevidade, tornando-o uma ferramenta fiável para manter temperaturas consistentes para investigações microbiológicas (Chauhan e Jindal., 2020).

# Isolamento, contagem e caraterísticas dos microrganismos

## Introdução

O isolamento é um procedimento fundamental em microbiologia que tem por objetivo obter uma única espécie de microrganismo de uma população mista como cultura pura. Na natureza, os microrganismos encontram-se frequentemente em comunidades complexas e mistas que contêm várias espécies. Para estudar e caraterizar com precisão um microrganismo específico, é essencial isolá-lo numa forma pura. As contribuições históricas para as técnicas de isolamento incluem a observação de Schroeter, em 1872, do crescimento bacteriano em fatias de batata em decomposição e a utilização por Joseph Lister, em 1878, da diluição em série em meios líquidos para isolar bactérias. Robert Koch e os seus colegas desenvolveram técnicas de cultivo de microrganismos em meios sólidos para obter culturas puras.

### Métodos de cultura pura

1. **Isolamento por meio de placas:**
   - **Método da placa de estrias** ○ **Método da placa de derrame** ○ **Método da placa de espalhamento**
2. **Isolamento em meio líquido:**
   - **Técnica de diluição em série**
3. **Isolamento de células individuais:**
   - **Micromanipulação**
4. **Métodos selectivos:**
   - **Agentes químicos:**
     - **Cultura de enriquecimento:** Favorece o crescimento de espécies específicas.
     - **Técnica selectiva:** Inibe determinadas espécies.
   - **Agentes físicos:**
     - **Tratamento térmico:** Isolamento seletivo dos formadores de esporos.
     - **pH do meio:** Isolamento seletivo de acidófilos ou alcalófilos.
     - **Temperatura de incubação:** Isolamento seletivo de termófilos

ou psicrófilos.

Cada método tem as suas próprias vantagens e limitações, e nenhuma técnica é universalmente aplicável para isolar todas as bactérias. Os métodos habitualmente utilizados incluem técnicas de plaqueamento e diluição em série, que serão discutidos em pormenor.

**Isolamento por métodos de plaqueamento**

Quando uma mistura de células é espalhada, semeada ou depositada na superfície de um meio de ágar, espera-se que cada célula viável forme uma colónia distinta, desde que todas as outras condições de crescimento sejam óptimas. Uma colónia é um crescimento macroscópico e visível de microrganismos num meio sólido.

**Princípio:** Uma ansa de arame ou uma zaragatoa esterilizada é carregada com uma suspensão diluída de organismos e colocada na superfície do ágar numa placa de Petri. A ansa é espalhada sobre o ágar numa série de movimentos paralelos e não sobrepostos, diluindo progressivamente o inóculo. Isto cria um gradiente de diluição ao longo da placa, levando à formação de colónias isoladas em regiões onde as células bacterianas estão suficientemente separadas.

**Modificações do método da placa de estrias:**

1. **Streaking direto:**
   - o Utilizado quando a carga de inóculo é baixa; a ansa de arame é estriada diretamente de cima para baixo.
2. **Método setorial:**
   - o A placa é dividida em sectores. A ansa é espalhada através de cada sector em regiões sobrepostas para obter uma diluição rápida.
3. **Método das quatro chamas:**
   - o Uma modificação do método setorial em que o laço de arame é inflamado antes de cada novo sector para reduzir a carga de organismos, garantindo um excelente isolamento.

**Requisitos:**

1. Placa de ágar nutriente
2. Ágar fundido
3. Laço de fio nicrómio
4. Espalhador
5. Amostra de alimentos

**Procedimento:**

1. Suspender 1 g de amostra de alimento em 10 ml de água destilada esterilizada.
2. Preparar diluições em série ($10^1$ a 10') transferindo 0,5 ml para 4,5 ml de água destilada esterilizada.
3. Esterilizar uma ansa de fio de nicrómio inflamando-a num bico de Bunsen.
4. Arrefecer a ansa de arame e retirar uma alça de suspensão das diluições $10^1$ a 10'.
5. Estragar a placa de ágar nutriente para obter colónias bem isoladas.
6. Incubar a placa a 37°C durante 24 horas.
7. Após a incubação, observar colónias bem isoladas.
8. Selecionar as colónias, efetuar a coloração de Gram e verificar a pureza.
9. Se for puro, colocar uma gota numa placa de ágar nutriente e incubar a 37°C.
10. Verificar a pureza do crescimento e armazenar se confirmado.

**Técnica de placa de derramamento**

**Princípio:** A suspensão mista é diluída várias vezes para reduzir suficientemente a população microbiana. As amostras diluídas são adicionadas a ágar derretido estéril (arrefecido a 42-45°C), misturadas e vertidas em placas de Petri. O ágar solidifica, prendendo as bactérias em locais discretos, permitindo a formação de colónias isoladas tanto no interior como na superfície do ágar.

**Requisitos:**

1. Tubos de ágar nutriente e slants
2. Placas de Petri esterilizadas

3. Banho de água

4. Pipetas

5. Tubos esterilizados de 9 ml de água destilada

6. Cultura mista (por exemplo, *St. aureus, B. subtilis, E. coli*)

**Procedimento:**

1. Diluir a cultura misturada, transferindo 1 ml para tubos de água esterilizados de 9 ml.

2. Derreter 2-3 tubos de ágar nutriente e arrefecer até aproximadamente 50°C.

3. Inocular 1 ml da diluição mais elevada no ágar fundido.

4. Misturar bem e deitar em placas de Petri esterilizadas.

5. Deixar o ágar solidificar, inverter e incubar a 37°C durante 24 horas.

6. Proceder ao isolamento de forma semelhante ao método da placa de sementeira.

**Técnica da placa de espalhamento**

**Princípio:** Um pequeno volume (0,1-0,25 ml) de suspensão microbiana é colocado no centro de uma placa de ágar e espalhado sobre a superfície com uma vareta de vidro esterilizada. A suspensão é espalhada para criar uma camada uniforme de células, permitindo a formação de colónias discretas.

**Requisitos:**

1. Amostra de alimentos

2. Água destilada esterilizada

3. Espalhador de vidro

4. Placa de ágar nutriente

**Procedimento:**

1. Pesar aproximadamente 1 g de amostra de alimentos e transferir para 10 ml de água destilada esterilizada.

2. Misturar bem e deixar assentar as partículas de alimentos.

3. Retirar 0,2 ml do sobrenadante e inocular na placa de ágar.

4. Esterilizar e arrefecer a espátula de vidro e espalhar a suspensão uniformemente.

5. Marcar a placa e incubar a 37°C durante 24 horas.

6. Proceder ao isolamento de forma semelhante ao método da placa de sementeira.

**Cálculos e interpretação dos resultados:**

1. **Placas contáveis:** As colónias devem estar entre 30-300. Menos de 30 colónias não são estatisticamente fiáveis e mais de 300 colónias conduzem a CFUs (Unidades Formadoras de Colónias) sobrepostas e indistinguíveis.

2. **Cálculo final de CFUs/ml:** Multiplicar o número médio de colónias por placa contável pelo recíproco do fator de diluição e pelo recíproco do volume semeado.

UFCs / ml = Número médio de colónias / Diluição x volume semeado

Estes métodos são fundamentais para isolar e estudar microrganismos individuais a partir de misturas complexas, permitindo uma análise e caraterização pormenorizadas (Patel e Patel., 2009).

# Teste SWAB

**Princípio:**

No método da placa de sementeira, é utilizada uma zaragatoa esterilizada para transferir organismos de uma amostra de alimentos para a superfície de uma placa de ágar. A zaragatoa é espalhada sobre o ágar numa série de movimentos paralelos e não sobrepostos, diluindo progressivamente o inóculo. Isto resulta num gradiente de diluição ao longo da placa, em que o crescimento confluente ocorre em áreas com elevada densidade celular e as colónias isoladas desenvolvem-se em áreas com menor densidade celular. Cada colónia bem isolada é teoricamente originária de uma única bactéria e representa uma cultura pura. Estas colónias isoladas podem ser colhidas e repicadas para meios frescos para garantir a pureza.

**Modificações do método da placa de estrias:**

1. **Streaking direto:**
   - A ansa de arame é carregada e diretamente semeada de cima para baixo na placa. Este método é preferível quando a carga de inóculo é baixa.
2. **Método setorial:**
   - A placa é dividida em sectores. A ansa de arame é passada através de cada sector, sobrepondo-se ao sector seguinte, diluindo gradualmente os organismos. Esta técnica é útil para cargas elevadas de inóculo.
3. **Método das quatro chamas:**
   - Uma variação do método de sector em que o laço de arame é queimado antes de se estriar cada sector. Isto reduz a carga dos organismos e melhora o isolamento.

**Requisitos:**

1. Placa de ágar nutriente
2. Ágar fundido
3. Zaragatoa esterilizada
4. Amostra de alimentos

**Procedimento:**

1. **Amostragem:**
   - o Recolher uma amostra da superfície do alimento utilizando uma zaragatoa esterilizada.

2. **A passar:**
   - o Espalhar a placa de ágar nutriente com a zaragatoa de forma a obter colónias bem isoladas.

3. **Incubação:**
   - o Incubar a placa a 37°C numa posição invertida durante 24 horas.

4. **Observação:**
   - o Após a incubação, observar a placa para ver se existem colónias bem isoladas.

5. **Seleção de colónias:**
   - o Selecionar colónias bem isoladas e anotar as suas caraterísticas.

6. **Preparação:**
   - o Colher diferentes tipos de colónias com uma ansa de arame esterilizada e emulsioná-las numa pequena quantidade de água destilada esterilizada.

7. **Preparação do esfregaço:**
   - o Preparar um esfregaço de cada suspensão e efetuar a coloração de Gram para examinar a pureza das culturas.

Este método permite o isolamento e a identificação de microrganismos a partir de amostras de alimentos, assegurando que as colónias são puras e adequadas para análises posteriores (Patel e Patel., 2009).

# Coloração da cápsula

**Introdução:** As cápsulas são camadas protectoras, contendo polissacáridos, que envolvem a parede celular bacteriana. Estas estruturas variam em composição, incluindo polissacáridos, poliálcoois, poliaminas e até polímeros de aminoácidos em certas bactérias como o *Bacillus anthracis*. As cápsulas são cruciais para a virulência bacteriana e para a proteção contra o stress ambiental, incluindo a dessecação e as respostas imunitárias. Devido às suas fracas propriedades de coloração, as técnicas de coloração de cápsulas baseiam-se em métodos indirectos para visualizar estas estruturas.

**Princípio:** A coloração de cápsulas é uma combinação de técnicas de coloração positiva e negativa. A natureza não iónica da cápsula significa que não retém os corantes padrão, permitindo que apareça como uma auréola clara à volta da célula bacteriana corada contra um fundo contrastante. O método utiliza:

1. Um corante básico para corar a célula bacteriana.
2. Um mordente para precipitar o material capsular.
3. Um corante ácido para colorir o fundo.

**Requisitos:**

1. Cultura de bactérias produtoras de cápsulas (cultivadas em caldo de leite ou caldo de leite com tornassol).
2. Vermelho Congo (solução aquosa a 1%).
3. Solução maneval:

    - 0,05 g de fucsina

    - 3,0 g de cloreto férrico

    - 5 ml de ácido acético (glacial)

    - 3,9 ml de fenol (liquefeito)

    - 95 ml de água destilada (preparar numa câmara de extração de fumos)

**Procedimento:**

1. **Preparar o diapositivo:**

    - Colocar algumas gotas de vermelho Congo numa lâmina limpa. (Não utilizar água na preparação da amostra).

2. **Misturar e secar ao ar:**
   - Adicionar uma pequena quantidade da cultura bacteriana ao vermelho Congo na lâmina. Misturar suavemente.

   - Deixar o esfregaço secar completamente ao ar. Não aquecer o esfregaço, uma vez que este destrói as cápsulas proteicas e pode provocar a desidratação e a contração das células.

3. **Coloração:**
   - Colocar a lâmina seca num suporte de coloração.

   - Inundar o esfregaço com a solução de Maneval. Deixar repousar durante 5 minutos.

4. **Secar e examinar:**
   - Deixar a lâmina secar ao ar. Não secar a lâmina com um pano.

   - Examinar a lâmina sob uma lente de imersão em óleo com uma ampliação de 1000X.

**Interpretação:**

- As células bacterianas aparecerão coradas com vermelho Congo, enquanto a cápsula permanecerá incolor.

- A solução Maneval irá corar o fundo, revelando uma auréola clara à volta da bactéria, indicando a presença da cápsula.

Este método de coloração realça a presença de cápsulas e ajuda a diferenciar as bactérias encapsuladas das que não têm cápsulas, ajudando no estudo da virulência e patogenicidade bacterianas (Patel e Patel., 2009).

# Coloração de endosporos

**Introdução:** Os endosporos são estruturas diferenciadas, altamente resistentes, formadas no interior de células bacterianas que servem como mecanismo de sobrevivência e não como meio de reprodução. São altamente resistentes a condições ambientais extremas devido à sua estrutura complexa e composição química. A coloração dos endosporos pode ser um desafio devido à sua natureza impermeável, que exige métodos físicos e químicos para permitir a penetração do corante.

**Princípio:** A coloração de endosporos utiliza calor e produtos químicos para facilitar a penetração do corante nos endosporos. O corante Ziehl-Neelsen Carbol Fuchsin (ZNCF), combinado com o calor, ajuda o corante a penetrar nas camadas protectoras dos esporos. Após a coloração, os endosporos retêm o corante enquanto o citoplasma da célula vegetativa pode ser facilmente descolorado. A nigrosina, um corante ácido, fornece um fundo preto (actuando como um corante negativo) e ajuda na remoção do excesso de corante do citoplasma.

**Requisitos:**

1. **Cultura bacteriana:**
   - Cultura jovem esporulada de *Bacillus megaterium* ou *Bacillus subtilis* (12-14 horas de idade).

2. **Coloração de Ziehl-Neelsen Carbol Fuchsin (ZNCF):**
   - 0,3 g de fucsina básica
   - 10 ml de etanol a 95% (vol/vol)
   - 5 ml de fenol (cristais fundidos pelo calor)
   - 95 ml de água destilada
   - Dissolver a fucsina básica em etanol e, em seguida, adicionar fenol dissolvido em água. Misturar e deixar repousar durante vários dias. Filtrar antes de utilizar.

3. **Mancha de Nigrosina a 10%:**
   - 10 g de nigrosina
   - 100 ml de água destilada
   - Aquecer a solução em água a ferver durante 30 minutos. Arrefecer.

Adicionar 0,5 ml de formalina para conservar. Filtrar antes de utilizar.

4. **Água destilada esterilizada**

**Procedimento:**

1. **Preparar a suspensão:**
   - Preparar uma suspensão pesada de *Bacillus megaterium* ou *Bacillus subtilis* em algumas gotas (1-2) de água destilada estéril.

2. **Coloração:**
   - Adicionar uma quantidade igual de corante ZNCF à suspensão e misturar bem.

3. **Fixação térmica:**
   - Colocar o tubo num banho de água a ferver durante 10-15 minutos para permitir que o corante penetre nos endosporos.
   - Deixar arrefecer o tubo.

4. **Preparar diapositivo:**
   - Preparar um esfregaço pesado numa lâmina sem gordura a partir da suspensão arrefecida. Fixar o esfregaço com calor.

5. **Adicionar Nigrosina:**
   - Colocar uma gota de nigrosina a 10% numa extremidade da lâmina e espalhá-la uniformemente sobre o esfregaço utilizando outra lâmina.

6. **Secar e examinar:**
   - Deixar a nigrosina secar completamente. Não lavar a lâmina.
   - Examinar sob imersão em óleo com uma ampliação de 1.000X.

**Interpretação:**

- **Endosporos**: Corados de vermelho/rosa devido à coloração ZNCF.
- **Células vegetativas**: O citoplasma aparecerá incolor ou ligeiramente corado, dependendo da eficácia da descoloração.
- **Fundo**: Preto, devido à coloração de nigrosina.

Esta técnica de coloração destaca os endosporos contra um fundo contrastante, facilitando a sua visualização e diferenciação das células vegetativas (Patel e Patel., 2009).

# Coloração negativa de bactérias

**Introdução:** A coloração negativa é uma técnica utilizada para visualizar a morfologia e o tamanho das células, contrastando-as contra um fundo escuro criado pelo corante. Este método não envolve a coloração das próprias células, o que faz dele um tipo de coloração indireta ou negativa.

**Princípio:** A coloração negativa utiliza um corante ácido, como a tinta da China ou a nigrosina, que possui uma carga negativa. Esta carga negativa impede o corante de penetrar na célula bacteriana, que também tem uma carga superficial negativa. Como resultado, o corante mancha o fundo, deixando as células bacterianas claras e visíveis contra o fundo escuro. A coloração negativa é benéfica porque preserva o tamanho e a forma naturais das células, e é útil para observar bactérias que são difíceis de corar com métodos convencionais. Uma vez que não é utilizada a fixação pelo calor, as células permanecem vivas e devem ser manuseadas com cuidado.

**Materiais:**

- **Culturas:**
  - Culturas de *Micrococcus luteus, Bacillus cereus* e outras culturas bacterianas em ágar de vinte e quatro horas.
- **Reagente:**
  - Nigrosin.
- **Equipamento:**
  - Microincinerador ou bico de Bunsen
  - Anel de inoculação
  - Tabuleiro de coloração
  - Lâminas de vidro
  - Papel de lente o Microscópio

**Procedimento:**

1. **Preparar diapositivo:**
   - Colocar uma pequena gota de nigrosina perto de uma extremidade de uma

lâmina de vidro limpa.

2. **Adicionar o inóculo:**

   o Utilizando uma técnica asséptica, transferir uma alça da cultura bacteriana (por exemplo, *M. luteus)* para a gota de nigrosina e misturar bem.

3. **Espalhar a mancha:**

   o Segurar uma segunda lâmina num ângulo de 45° em relação à primeira lâmina com a nigrosina e a gota bacteriana. Permitir que a gota se espalhe ao longo da borda da segunda lâmina.

   o Afastar suavemente a segunda lâmina da gota para espalhar a mistura numa camada fina sobre a superfície da primeira lâmina.

4. **Secagem ao ar:**

   o Deixar o esfregaço secar completamente ao ar. Não utilizar a fixação por calor, uma vez que esta pode distorcer as células ou matá-las.

5. **Examinar:**

   o Depois de seca, examinar a lâmina sob imersão em óleo com uma ampliação de 1.000X, utilizando um microscópio.

   o Registe as suas observações, anotando a morfologia, o tamanho e a disposição das células bacterianas.

**Observações:**

- **Células:** Aparecem como claras ou ligeiramente coloridas contra o fundo escuro.
- **Fundo:** Manchado de escuro devido à nigrosina.

**Notas:**

- Manusear as lâminas com cuidado, uma vez que os organismos não estão fixados pelo calor e ainda estão vivos.
- A coloração negativa permite uma boa visualização da forma e tamanho naturais da célula, tornando-a útil para examinar bactérias que são difíceis de corar com outros métodos (Patel e Patel., 2009).

# Exame microscópico de organismos vivos: método de montagem em gota suspensa para a demonstração da motilidade bacteriana

**Princípio:** As bactérias são difíceis de observar no seu estado vivo e não corado devido ao seu pequeno tamanho e índice de refração, que é semelhante ao da água. A técnica da gota suspensa permite a observação da motilidade e morfologia de bactérias vivas, suspendendo uma gota de cultura numa lâmina de depressão, criando um espaço onde as bactérias se podem mover livremente.

**Materiais:**

- **Cultura:**
    - Culturas em caldo de vinte e quatro horas de um organismo móvel (por exemplo, *Proteus vulgaris)*.
- **Equipamento:**
    - Microincinerador ou bico de Bunsen
    - Anel de inoculação
    - Slides sobre depressão
    - Lâminas de vidro
    - Coverslips
    - Microscópio ∘ Vaselina ∘ Cotonetes de algodão

**Procedimento:**

1. **Preparar o diapositivo:**
    - Com um cotonete, aplicar um anel de vaselina à volta da concavidade da lâmina de depressão. Isto cria uma vedação para impedir a fuga da cultura.
2. **Preparar a lamela:**
    - Utilizando uma técnica asséptica, colocar uma bola cheia da cultura bacteriana no centro de uma lamela limpa.

3. **Montar a gota suspensa:**

   o Colocar a lâmina de depressão, com a superfície côncava virada para baixo, sobre a lamela de modo a que a depressão cubra a gota de cultura. Pressionar suavemente a lâmina para assegurar uma vedação entre a lâmina e a lamela.

4. **Inverter e selar:**

   o Virar rapidamente a lâmina para o lado direito, de modo a que a gota de cultura adira à superfície interna da lamela e permaneça na concavidade da lâmina de depressão.

5. **Exame microscópico:**

   o Examinar a preparação da gota suspensa ao microscópio.

   ■ Começar com a objetiva de baixa potência (10X) para localizar a gota e ajustar o condensador Abbé para reduzir a fonte de luz e obter um melhor contraste.

   ■ Mudar para a objetiva de alta potência (40X) para observação detalhada da motilidade e morfologia bacterianas.

6. **Registar as observações:**

   o Documentar o movimento e o aspeto das bactérias, registando quaisquer padrões de motilidade, formas e arranjos caraterísticos.

**Notas:**

- Assegurar que a lâmina está corretamente selada para evitar fugas da cultura.
- O ajuste da fonte de luz ajuda a melhorar a visibilidade das bactérias contra o fundo.
- Este método proporciona uma visão clara da motilidade e morfologia das bactérias vivas sem necessidade de coloração.

**Observações a registar:**

- **Motilidade:** Tipos de movimento (por exemplo, nadar, dar cambalhotas).

- **Morfologia:** Forma, tamanho e disposição das células bacterianas.

- **Fundo:** O contraste entre as bactérias e o fundo.

**Relatório de laboratório:**

- Incluir diagramas ou desenhos das bactérias observadas.

- Registar quaisquer diferenças na motilidade ou morfologia entre culturas diferentes, se aplicável (Patel e Patel., 2009).

# Estimativa da contagem microbiana total de leveduras, bolores do leite, fruta, vegetais, carne, peixe e produtos enlatados.

## Introdução

Os produtos alimentares servem como fontes de nutrientes para os seres humanos e animais, mas também podem fornecer um substrato para o crescimento microbiano. Os microrganismos podem causar alterações desejáveis (por exemplo, sabor, aroma, conservação) e indesejáveis (por exemplo, deterioração, aspeto desagradável, alteração do sabor). Os termos **deterioração alimentar**, **infeção alimentar** e **intoxicação alimentar** descrevem vários efeitos adversos dos microrganismos nos alimentos. A deterioração refere-se ao facto de os alimentos se tornarem intragáveis ou pouco seguros devido ao crescimento microbiano. As infecções alimentares envolvem a ingestão de agentes patogénicos que crescem e invadem os tecidos ou libertam toxinas. As intoxicações alimentares envolvem o consumo de toxinas produzidas por microrganismos. O manuseamento adequado dos alimentos e a análise microbiológica são essenciais para evitar estes problemas.

**Importância dos coliformes (organismos indicadores):** Os coliformes, como a *E. coli* e outros bacilos coliformes, são utilizados como indicadores de contaminação fecal e de higiene geral. Nem sempre são diretamente indicativos de contaminação fecal, mas encontram-se frequentemente no solo e em materiais vegetais. A sua presença nos alimentos sugere uma possível contaminação e uma maior probabilidade de microrganismos patogénicos.

**Análise bacteriológica de alimentos:** Os testes de rotina em laboratórios de microbiologia alimentar incluem:

- Estimativa da contagem total de células viáveis (TVC)
- Deteção de coliformes
- Enumeração de coliformes

**Recolha de amostras de alimentos:**

- Utilizar frascos limpos e esterilizados com tampa de rosca ou sacos de plástico.

- Recolher pequenas amostras com espátulas ou colheres esterilizadas.
- Transportar as amostras em contentores isolados a baixas temperaturas.
- Conservar no frigorífico até à análise.

**Preparação de amostras de alimentos:**

- **Para alimentos sólidos**: Homogeneizar 10 g do alimento em 90 ml de água peptonada a 0,1% utilizando um misturador.
- **Para organismos de superfície**: Pesar 10 g de alimento para um frasco esterilizado, adicionar 100 ml de água peptonada a 0,1%, agitar durante 10 segundos, deixar repousar durante 30 minutos e agitar novamente.

A amostra preparada representa uma diluição de 1:100.

**Estimativa da contagem total de células viáveis (TVC):**

**Contagem padrão em placas (SPC)/contagem total de organismos viáveis (TVC):**
Este método determina o número de organismos viáveis numa amostra de alimentos e é particularmente útil para avaliar o processamento e a qualidade dos alimentos.

**Requisitos:**

- Amostra de alimentos preparados
- Tubos de diluição de água destilada esterilizada (4,5 ml ou 9,0 ml)
- Tubos de ágar nutriente fundidos estéreis
- Placas de Petri esterilizadas
- Pipetas esterilizadas de 1 ml

**Procedimento:**

1. **Preparar as diluições:**
   - Preparar diluições em série da amostra de alimentos (por exemplo, $10^{-1}$, $10^{-2}$, $10^{-3}$).
2. **Inocular as placas de ágar:**
   - Transferir um volume fixo (por exemplo, 0,1 ml) de cada diluição para um tubo estéril de ágar nutriente fundido (arrefecido a 50°C), misturar e

verter para placas de Petri estéreis.

3. **Rotular e incubar:**
   o Rotular as placas com a diluição e o volume cultivado. Incubar a 37°C durante 24 horas.

4. **Contar Colónias:**
   o Contar as colónias em cada placa. Utilizar um contador de colónias, se necessário.

5. **Calcular CFUs/ml:**
   o Calcule o número final de organismos utilizando a fórmula:

**UFC / ml = Número médio de colónias/ Diluição × Volume semeado**

**Cálculos e Interpretação:**

- **Placas contáveis:** 30-300 colónias são consideradas contáveis. Menos de 30 colónias não são estatisticamente fiáveis, e mais de 300 colónias resultam numa proximidade demasiado grande para uma contagem precisa (representada como "demasiado numerosas para contar" ou TNTC).
- **Cálculo da contagem final:** Multiplicar o número médio de colónias pelo recíproco da diluição e pelo volume semeado para obter CFUs/ml.

**Notas:**

- Assegurar técnicas assépticas adequadas para evitar a contaminação.
- Manusear as amostras e as placas preparadas com cuidado para manter a exatidão.
- Interpretar os resultados tendo em conta o tipo de alimento, a carga microbiana esperada e a possível interferência de contagens altas ou baixas (Patel e Patel., 2009).

# Microbiologia do leite

## Introdução

## Composição do leite

O leite é a secreção láctea produzida pelas glândulas mamárias das fêmeas mamíferas para nutrir as suas crias. Trata-se de um fluido biológico complexo cuja composição varia em função de factores como a espécie, a raça, a idade e a alimentação. A composição média do leite de vaca é a seguinte

- **. Água:** 85,0%
- **Proteínas (Caseína):** 2.5%
- **Açúcar (Lactose):** 4.8%
- **Gordura (Butterfat):** 3.7%
- **Albumina e Globulina:** 0,7%
- **Minerais (Cinzas):** 0.7%
- **Constituintes vestigiais:** 2.6%
- **pH:** 6,7 - 6,9

O leite também contém vitaminas A, B, C e D em quantidades variáveis. A composição química do leite torna-o um componente dietético valioso para os seres humanos. No entanto, esta mesma composição também proporciona um meio propício ao crescimento de bactérias, bolores e leveduras, tornando o leite uma potencial fonte de alimento tanto para os seres humanos como para os micróbios (Taylor e Kabourek., 2003).

## Fontes de contaminação

O leite é inicialmente estéril quando segregado do úbere de uma vaca saudável. No entanto, a contaminação pode ocorrer a partir de várias fontes:

1. **Contaminação ambiental:** As bactérias do ambiente podem entrar no leite.
2. **Equipamento de ordenha:** Um equipamento incorretamente limpo ou higienizado pode introduzir contaminantes.
3. **Pessoal:** Os manipuladores de leite podem transferir bactérias para o leite.

A flora normal do leite comercializado inclui microrganismos provenientes destas fontes. Se as práticas de higiene não forem mantidas, o nível de contaminação pode aumentar, levando a uma rápida deterioração.

## Infecções transmitidas pelo leite

O leite pode albergar organismos patogénicos tanto de origem bovina como humana. Os agentes patogénicos podem entrar no leite diretamente a partir de vacas doentes ou indiretamente através de descargas corporais infectadas ou de manuseamento inadequado pelo pessoal. Os agentes patogénicos comuns e as doenças que causam incluem:

**Doenças de origem bovina:**

- **Tuberculose:** *Mycobacterium bovis*
- **Doença de Johne:** *M. paratuberculosis*
- **Brucelose:** *Brucella abortus*
- **Febre Aftosa:** Vírus da febre aftosa
- **Febre Q:** *Coxiella burnetii*
- **Salmonelose:** *Salmonella* spp.
- **Gastroenterite:** *Staphylococcus* spp.

**Doenças de origem humana:**

- **Febre tifoide:** *Salmonella typhosa*
- **Dor de garganta:** *Staphylococcus pyogenes*
- **Diarreia infantil:** *Escherichia coli*
- **Febre escarlate:** *Staphylococcus pyogenes*
- **Difteria:** *Corynebacterium diphtheriae*
- **Poliomielite:** Vírus da poliomielite

## Pasteurização do leite

A pasteurização, nomeada em homenagem a Louis Pasteur, é um processo de tratamento térmico concebido para destruir microrganismos que podem causar deterioração ou doença sem afetar significativamente a qualidade ou o sabor do produto. Inicialmente, o leite era pasteurizado a 61,7°C (142°F) durante 30 minutos para eliminar *a Mycobacterium tuberculosis*. Em 1950, descobriu-se que esta temperatura era insuficiente para destruir *Coxiella burnetii*, o agente causador da febre Q. Como resultado, a temperatura de pasteurização foi aumentada.

Os métodos de pasteurização actuais incluem:

- **LTH (Manutenção de baixa temperatura):** 62,9°C (145°F) durante 30 minutos
- **HTST (High Temperature Short Time):** 71,5°C (161°F) durante 15 segundos
- **UHT (temperatura ultra-alta):** 133°C (270°F) durante 2-5 segundos

**Análise bacteriológica de rotina do leite**

A análise bacteriológica de rotina do leite tem como objetivo avaliar a extensão e os tipos de contaminação bacteriana. Esta análise fornece informações cruciais para vários objectivos, incluindo:

1. **Classificação e comercialização:** Determinação da qualidade do leite para classificação e venda.
2. **Deteção de doenças:** Identificação de bactérias patogénicas que podem representar riscos para a saúde.
3. **Fabrico de produtos:** Garantir a segurança e a qualidade do leite e dos produtos lácteos.
4. **Práticas de saneamento:** Avaliar e melhorar a higiene das explorações agrícolas e leiteiras.

São utilizados vários testes para atingir estes objectivos. Os testes bacteriológicos de rotina incluem:

1. **Contagem padrão em placa (SPC) ou contagem total de material viável (TVC)**
2. **Ensaio de redução de corantes** (utilizando azul de metileno e resazurina)
3. **Deteção de coliformes**

4. **Enumeração de coliformes**

5. **Deteção de bactérias ácido-resistentes**

*Contagem padrão em placa (SPC) / Contagem total de células viáveis (TVC)*

O método de Contagem Padrão em Placas (SPC) mede o número de microorganismos viáveis numa amostra de leite. É especialmente útil para avaliar o leite pasteurizado, onde se espera uma população bacteriana mais baixa. O método SPC é amplamente utilizado e envolve os seguintes passos:

**Normas para a classificação do leite com base na contagem de placas:**

. **< 200.000 CFU/ml:** Muito bom

. **200.000 - 1.000.000 CFU/ml:** Bom

. **1.000.000 - 5.000.000 CFU/ml:** Razoável

. **> 5.000.000 CFU/ml:** Fraco

**Materiais necessários:**

1. Amostra de leite
2. Água destilada estéril para diluição (tubos de 4,5 ml ou 9,0 ml)
3. Ágar nutriente fundido estéril
4. Placas de Petri esterilizadas
5. Pipetas esterilizadas de 1 ml

**Procedimento:**

1. **Preparar as diluições:** Criar diluições em série da amostra de leite (por exemplo, $10^{-1}$ , $10^{-2}$ , $10^{-3}$ ) conforme necessário.
2. **Inocular as placas de ágar:** Transferir um volume fixo (por exemplo, 0,1 ml) de cada diluição para um tubo estéril de ágar nutriente fundido (arrefecido a 50°C). Misturar bem e deitar o conteúdo em placas de Petri estéreis.
3. **Rotular as placas:** Rotular claramente as placas com o fator de diluição e o volume plaqueado. Incubar as placas a 37°C durante 24 horas.
4. **Contar as colónias:** Após a incubação, contar o número de colónias em cada placa. Utilizar um contador de colónias, se necessário, para ajudar na contagem.

5.  **Calcular CFUs/ml:** Determine o número de Unidades Formadoras de Colónias (UFC) por mililitro utilizando o seguinte cálculo:

**UFC / ml = Número médio de colónias/ Diluição × Volume semeado**

**Cálculos e Interpretação:**

1.  **Placas contáveis:** As placas com 30 a 300 colónias são consideradas contáveis. As placas com menos de 30 colónias não são estatisticamente fiáveis, enquanto as placas com mais de 300 colónias podem ter colónias demasiado próximas umas das outras para serem contadas com precisão.
2.  **Crescimento confluente:** As diluições mais baixas (por exemplo, $10^{-1}$) podem apresentar "demasiado numerosas para contar" (TNTC) devido à elevada carga bacteriana.
3.  **Método de inoculação alternativo:** Em alternativa, as alíquotas podem ser transferidas diretamente para placas esterilizadas, sendo depois vertidas sobre elas com ágar nutriente derretido.

O método SPC/TVC ajuda a avaliar a qualidade do leite e a garantir a segurança, fornecendo uma contagem de bactérias viáveis presentes na amostra (Patel e Patel., 2009).

## Teste de redução do azul de metileno (MBRT)

**Princípio:**

O teste de redução do azul de metileno (MBRT) foi proposto por Barthel e Jensen para estimar a qualidade higiénica do leite. Este teste baseia-se no princípio de que o azul de metileno, um corante indicador de oxidação-redução, muda de cor com base na atividade metabólica das bactérias presentes no leite. Na sua forma oxidada, o azul de metileno aparece azul. No entanto, quando as bactérias no leite consomem oxigénio dissolvido, baixam o potencial de oxidação-redução para um nível em que o azul de metileno é reduzido a um composto incolor (leucoforma). A taxa de redução do azul de metileno (tempo MBRT) está correlacionada com o número e a atividade das bactérias no leite. Consequentemente, o MBRT é usado para:

- Avaliar a qualidade higiénica do leite.

- Classificar os fornecimentos de leite cru.

- Prever a qualidade provável do leite.

- Detetar a contaminação pós-pasteurização.

**Requisitos:**

1. **Materiais:**

   o Três tubos estéreis de 10 ml (150 mm × 16 mm), com tampa.

   o Pipetas esterilizadas de 10 ml e 1 ml.

   o Banho de água com controlo termostático regulado para 37°C.

   o Banho de água a ferver.

   o Amostra de leite (cerca de 50 ml).

   o Solução padrão de azul de metileno (diluição 1:20.000).

   o Relógio, relógio ou temporizador de intervalo.

**Procedimento:**

1. **Preparação da amostra de leite:**

   o Misturar bem a amostra de leite para garantir a uniformidade.

2. **Preparação dos tubos de ensaio:**

   o Utilizando pipetas esterilizadas, preparar três tubos esterilizados com tampa de rosca da seguinte forma:

   - **Controlo positivo:** Adicionar 10 ml de leite e 1 ml de solução de azul de metileno.

   - **Controlo negativo:** Adicionar 10 ml de leite e 1 ml de água destilada esterilizada.

   - **Tubo de ensaio:** Adicionar 10 ml de leite e 1 ml de solução de azul de metileno.

   o Tapar bem os tubos e misturar o conteúdo invertendo suavemente cada tubo uma ou duas vezes.

3. **Destruição do sistema redutor natural:**

   o   Colocar os tubos de controlo positivo e negativo num banho de água a ferver durante 3 minutos. Este passo desactiva os sistemas redutores naturais do leite.

4. **Incubação:**

   o   Após o tratamento, colocar os três tubos num banho-maria regulado a 37°C. Registar a hora de início.

5. **Observação e Inversão:**

   o   Examinar os tubos a intervalos de 30 minutos. Se não for observada qualquer alteração de cor, inverter suavemente os tubos para misturar o conteúdo.

   o   Continuar a monitorizar os tubos até que as mudanças de cor sejam visíveis.

6. **Descoloração:**

   o   A descoloração é considerada completa quando toda a coluna de leite no tubo de ensaio é descolorida até 5 mm da superfície. Se necessário, comparar o leite descolorizado no tubo de ensaio com a cor do controlo negativo para confirmação.

7. **Registo e análise:**

   o   Registar o tempo necessário para a descoloração completa do leite. Interpretar os resultados com base no tempo de MBR da seguinte forma:

**Resultados e Interpretação:**

| MBRT Time (hours) | Quality of Milk |
| --- | --- |
| ≥ 5 | Excellent |
| 4 – 5 | Very Good |
| 3 – 4 | Good |
| 1 – 2 | Fair |
| < 1 | Poor |

**Notas:**

- A adição de 1 ml de uma diluição 1:20.000 de azul de metileno a 10 ml de leite resulta numa diluição final de 1:200.000.
- Os dois tubos de controlo servem de referência para comparação:
  - O **controlo positivo** indica o momento em que a descoloração começa.
    - O **controlo negativo** indica o momento em que a descoloração está completa.
- Para evitar a acumulação de nata à superfície, que poderia interferir com o ensaio, inverter os tubos a intervalos de 30 minutos. Isto também assegura que as enzimas redutoras e os organismos, que podem estar adsorvidos nos glóbulos de gordura, estejam uniformemente distribuídos e disponíveis para reação.

Este procedimento detalhado garante uma avaliação precisa da qualidade do leite através do MBRT, reflectindo o nível de contaminação bacteriana e as condições gerais de higiene (Patel e Patel., 2009).

**Atividade de fosfatase do leite (método aprovado pela FDA dos EUA)**

**Introdução:**

A atividade da fosfatase no leite é utilizada como um indicador da pasteurização adequada. Durante a pasteurização, o leite é aquecido a temperaturas de 62,8°C durante 30 minutos ou 71,7°C durante 15 segundos. Estas temperaturas matam eficazmente os agentes patogénicos não formadores de esporos e inactivam a enzima fosfatase alcalina nativa (ALP). Uma vez que a ALP é mais resistente ao calor do que os agentes patogénicos não formadores de esporos, a sua presença no leite indica uma pasteurização inadequada. Por conseguinte, um resultado negativo no teste da fosfatase confirma que o leite foi corretamente pasteurizado e é considerado seguro. Este método foi adaptado para evitar a interferência de iões de carbonato, que inibem as ALPs bovinas. O teste serve como uma ferramenta de rastreio para avaliar a qualidade da pasteurização do leite.

**Requisitos:**

**A. Equipamentos e materiais**

1. **Pipetas**: Com capacidade para dispensar volumes de 100 µl a 1 ml.
2. **Pontas para pipetagem**: Compatível com pipetas.

3. **Centrifugadora**: Capaz de acomodar tubos de 10-15 ml e atingir uma RCF mínima de 2400 × g.
4. **Banho de gelo**: Para arrefecer amostras.
5. **Tubos de ensaio**: 10-15 ml.
6. **Banhos de água**:
      o **Banho de água a ferver**: Para controlos de pasteurização.
      o **Banho-maria de incubação**: Mantido a 40°C para incubar as misturas de teste.
7. **Espectrofotómetro**: Capaz de medir a absorvância a 650 nm.

**B. Reagentes**

1. **Tampão AMP**: Preparar dissolvendo 10,0 g de 2-amino-2-metil-1-propanol em água. Ajustar o pH a 10,1 com HCl 6 M, adicionar 10 ml de Tergitol tipo 4 e diluir a 1 L com água destilada.
2. **Substrato tampão**: Dissolver 0,5 g de fenilfosfato dissódico cristalino isento de fenol em tampão AMP. Diluir a 500 ml com tampão AMP. Preparar diariamente.
3. **Álcool *n-butílico* (*//-BiiOII*)**: Ponto de ebulição 116-118°C.
4. **Solução de catalisador**: Dissolver 200 mg de $CuSO_4AH_2O$ em água destilada e diluir a 100 ml.
5. **Solução de CQC**: Dissolver 40 mg de 2,6-dicloro-quinonecloroimida cristalina em 10 ml de metanol (MeOH) e armazenar num frasco escuro. Em alternativa,

preparar dissolvendo 1 comprimido de Indo-Phax (contendo catalisador) em 5 ml de MeOH. Conservar no frigorífico e rejeitar após uma semana ou quando a solução se tornar castanha.

6. **Solução de CQC-Catalisador**: Misturar volumes iguais de solução de CQC e solução de catalisador. Preparar diariamente.

7. **Solução de HCl 6 M**: Preparar por adição de 50 ml de ácido clorídrico concentrado a 50 ml de água (adicionar o ácido à água).

8. **Soluções padrão de fenol**:
   - **Solução de reserva**: Pesar 1,000 g de fenol puro, transferir para um balão volumétrico de 1 L, diluir até ao volume com HCl 0,1 N e homogeneizar. (1 ml = 1 mg de fenol). Estável durante vários meses quando refrigerado.
   - **Solução de trabalho**: Diluir 100 µl de solução-mãe para 100 ml com tampão AMP. (1 ml = 1 µg de fenol). Preparar uma solução fresca diariamente.
   - **Soluções padrão de cor**: Preparar diluindo 0,0, 0,25, 0,5, 1,0, 2,5 e 5,0 ml da solução de trabalho para 5,0 ml com tampão AMP em tubos de ensaio separados. Adicionar 0,5 ml de água a cada tubo.

9. **Tergitol Tipo 4** : Tensioativo aniónico (hidrogenossulfato de 7-etil-2-metil-4-undecanol, sal de sódio). Sem substitutos.

10. **Água destilada**.

## C. Amostra de leite

**Procedimento:**

1. **Preparação da amostra:**
   - Recolher 0,5 ml de leite em cada um dos dois tubos de ensaio. Adicionar 0,5 ml de água a cada tubo (um tubo será utilizado como porção de teste e o outro como controlo fervido ou branco).

2. **Preparação do controlo:**
   - Aquecer o tubo de ensaio de controlo num banho de água a ferver durante 2 minutos e, em seguida, arrefecê-lo rapidamente num banho de gelo.

3. **Adição de um substrato de tampão:**

   o À porção de teste e ao controlo fervido, adicionar 5 ml de substrato tampão. Misturar o conteúdo, agitando ou invertendo os tubos.

4. **Incubação:**

   o Incubar a porção de teste, o controlo fervido e os tubos de padrão de cor num banho de água a 40 ± 1°C durante 15 minutos (permitir um tempo de aquecimento adicional de 1 minuto para um total de 16 minutos).

5. **Desenvolvimento da reação:**

   o Após a incubação, adicionar 0,2 ml de solução de CQC-catalisador ou 0,1 ml de solução de Indo-Phax à porção de teste e aos tubos de controlo fervidos. Misturar bem e voltar a colocar os tubos no banho-maria a 40°C durante 5 minutos. Retirar os tubos do banho e arrefecê-los num banho de água gelada durante 5 minutos.

6. **Extração:**

   o Adicionar 3 ml de álcool n-butílico a cada tubo e misturar invertendo os tubos cobertos com parafilme durante 6 voltas completas. Arrefecer num banho de gelo durante 5 minutos. Centrifugar os tubos durante 5 minutos a 2400 × g.

7. **Medição espectrofotométrica:**

   o Transferir a camada superior de butanol para cuvetes com uma pipeta Pasteur. Medir a absorvância dos extractos de butanol com um espetrofotómetro a 650 nm.

**Quantificação da atividade da ALP:**

1. **Preparação da curva padrão:**

   o Construir uma curva padrão utilizando as soluções padrão de cor preparadas na etapa B.8.c.

2. **Cálculo:**

  - o Converter os valores de absorvância das amostras de leite em µg fenol/mL utilizando a curva padrão. Subtrair o valor de µg fenol/mL do branco fervido do valor correspondente da amostra para determinar o µg fenol/mL final na amostra de leite.

  - Este método detalhado garante uma avaliação exacta da atividade da fosfatase alcalina, verificando a adequação da pasteurização do leite ((United States Food and Drugs Administration, 2001).

**Determinação do cálcio no leite**

**Introdução:**

O leite é uma mistura complexa que contém proteínas, açúcares, gorduras, vitaminas e minerais. É uma fonte alimentar significativa de cálcio, com o leite de vaca a oferecer uma biodisponibilidade de cálcio que varia entre 30% e 35%. Dado o seu elevado teor de cálcio e a sua excelente taxa de absorção, o leite desempenha um papel crucial na satisfação das necessidades diárias de cálcio. Sem leite e produtos lácteos, a ingestão suficiente de cálcio torna-se um desafio.

**Princípio:**

A determinação do cálcio no leite é efectuada utilizando o ácido etileno diamino tetra-acético (EDTA), um agente quelante que forma complexos com iões divalentes como o $Ca^{2+}$ e o $Mg^{2+}$, que contribuem para a dureza da água:

$$M^{2+} + EDTA \longrightarrow [M.EDTA]_{complex}$$

A determinação exacta depende da utilização de um indicador que assinale quando todos os iões de cálcio tiverem sido complexados pelo EDTA. O murexido é um indicador eficaz para este fim. Numa solução com pH 12, o murexido forma um complexo cor-de-rosa com iões $Ca^{2+}$. Durante a titulação com EDTA, a cor muda de rosa para púrpura quando todos os iões de cálcio tiverem reagido, indicando o ponto final da titulação.

**Requisitos:**

1. **Corante de Murexido:**
   - **Preparação**: Dissolver 150 mg de corante murexido em 100 g de etilenoglicol absoluto. As soluções aquosas de murexido não são estáveis durante mais de um dia.
   - **Indicador estável**: Misturar 200 mg de murexido com 100 g de cloreto de sódio sólido (NaCl) e moer a mistura até obter uma malha de 40 a 50 mesh. Esta mistura triturada fornece uma forma mais estável do indicador. O indicador deve ser adicionado imediatamente antes da titulação, uma vez que é instável em condições alcalinas.
2. **Titulante padrão de EDTA (0,01 M):**
   - **Preparação**: Pesar 3,723 g de etilenodiamina tetraacetato dissódico di-hidratado (EDTA) de grau de reagente analítico e dissolvê-lo em água destilada. Diluir a solução até um volume final de 1000 mL.
3. **8% de hidróxido de sódio (NaOH):** Para ajustar o pH da amostra de leite.

**Procedimento:**

1. **Preparação da amostra:**
   - Medir 50 mL da amostra de leite para um recipiente limpo.
   - Adicionar 1 mL de solução de hidróxido de sódio a 8% à amostra de leite. Este passo aumenta o pH da solução para condições alcalinas, necessárias para a reação adequada com o indicador.
2. **Adição de indicador:**
   - Adicionar uma pitada do pó de murexido preparado à amostra de leite. O murexido tornará a solução cor-de-rosa se houver cálcio presente.
3. **Titulação:**
   - Titular a amostra de leite com a solução padrão de EDTA (0,01 M) até que a cor rosa mude para púrpura. O ponto final é atingido quando toda a

solução se torna púrpura, indicando que todos os iões de cálcio foram complexados pelo EDTA.

**Cálculo:**

Para calcular a concentração de cálcio na amostra de leite:

$$\text{Cálcio mg/L} = A \times B \times 1000 / \text{mL de amostra}$$

Onde:

- A = mL de titulante EDTA utilizado para a amostra
- B = mg $CaCO_3$ equivalente a 1,00 mL de titulante EDTA (0,4 mg Ca/mL)
- **mL de amostra** = volume da amostra de leite utilizada (50 mL)

Este cálculo fornece a concentração de cálcio na amostra de leite, permitindo a avaliação do seu teor de cálcio (AWWA, WEF, APHA., 1998)

## Estimativa do fósforo no leite

**Introdução:**

O fósforo é um mineral essencial presente no leite, desempenhando um papel vital em várias funções biológicas. A estimativa exacta do teor de fósforo no leite é importante para a análise nutricional e o controlo de qualidade. Este método envolve a oxidação do fósforo em amostras de leite e a formação de um complexo amarelo com molibdato de vanádio-amónio. O teor de fósforo é então quantificado através da medição da absorvância do complexo a 440 nm, utilizando um espetrofotómetro.

**Requisitos:**

1. **Ácido nítrico ($HNO_3$ ) :** Para a digestão da amostra de leite.
2. **Placa de aquecimento eléctrica:** Para aquecer amostras.
3. **Ácido clorídrico ($HClO3$):** Para oxidação adicional durante a digestão.
4. **Solução-mãe padrão de fósforo (50 pg/mL):**
   - **Preparação:** Pesar 0,2197 g de KH2PO4 padronizado (seco em estufa a 105°C ± 1°C) e dissolver em 400 mL de água. Adicionar 8 mL de H2SO4

e diluir para 1 L. Armazenar para uso prolongado.

5. **Reagente de molibdato de vanádio e amónio:**
   - **Solução A:** Dissolver 25 g de molibdato de vanádio e amónio [(NH4)6Mθ7O24·4H2O] em 400 mL de água.
   - **Solução B:** Dissolver 1,25 g de metavanadato de sódio (NH4VO3) em 300 mL de água a ferver. Após arrefecimento, adicionar 250 mL de ácido nítrico. Combinar a Solução A com a Solução B, agitar bem e diluir para 1 L com água. Armazenar num frasco castanho.

6. **Indicador de dinitrofenol (2 g/L):** Dissolver 0,2 g de 2,6-dinitrofenol ou 2,4-dinitrofenol em 100 mL de água.

7. **Solução de HNO3 0,2 mol/L:** Diluir 12,5 mL de HNO3 para 1000 mL com água.

8. **Solução de NaOH 6 mol/L:** Dissolver 240 g de NaOH em 1000 mL de água.

9. **Solução de NaOH 0,1 mol/L:** Dissolver 4 g de NaOH em 1000 mL de água.

**Procedimento:**

1. **Processamento de amostras:**
   1. Pesar 0,5 g de amostra de leite sólido ou 2,5 g de amostra de leite líquido e transferi-lo para um Erlenmeyer de 125 mL.
   2. Adicionar 10 ml de ácido nítrico (HNO3) ao balão. Aquecer a mistura numa placa eléctrica até a reação estar completa. Retirar o balão do calor e deixar arrefecer.
   3. Adicionar 10 mL de ácido clorídrico (HClO3) ao balão e voltar a colocá-lo na placa de aquecimento. Se a solução ficar preta, adicionar 5 mL de ácido nítrico e continuar a aquecer até que a solução se torne incolor ou âmbar e seja emitido fumo branco.
   4. Quando restarem cerca de 3-5 mL de solução, arrefecer o balão. Transferir a solução arrefecida para um balão volumétrico de 50 mL e diluir até à marca com água.
   5. Efetuar simultaneamente uma experiência em branco utilizando o mesmo procedimento sem adicionar a amostra de leite.

2. **Preparação da curva padrão:**

1. Preparar uma série de soluções padrão de fósforo transferindo 0 mL, 2,5 mL, 5 mL, 7,5 mL, 10 mL e 15 mL da solução padrão de fósforo de 50 µg. mL para balões volumétricos de 50 mL separados.

2. Adicionar 10,00 mL de reagente de molibdato de vanádio e amónio a cada balão e diluir a 50 mL com água.

3. Deixar as soluções desenvolverem a cor a 25-30°C durante 15 minutos.

4. Medir a absorvância de cada solução a 440 nm com uma célula colorimétrica de 1 cm.

5. Traçar os valores de absorvância em função das concentrações de fósforo para criar a curva padrão.

3. **Medição de amostras:**

1. Transferir 10 mL da solução de amostra de leite para um balão volumétrico de 50 mL.

2. Adicionar água e duas gotas do indicador dinitrofenol.

3. Ajustar o pH da solução adicionando NaOH 6 M até a solução ficar amarela.

4. Adicionar 0,2 M de HNO3 gota a gota até a solução se tornar incolor.

5. Adicionar NaOH 0,1 M até a solução ficar âmbar.

6. Proceder da mesma forma que para as soluções padrão na etapa 2.2. Utilizar a solução em branco para a correção do zero.

7. Determinar a concentração de fósforo da amostra de leite a partir da curva-padrão.

4. **Cálculo e representação de resultados:**

o Calcular o teor de fósforo na amostra de leite utilizando a seguinte fórmula:

Fósforo no leite mg/100 *g* = C X V X V2 X 100/ m X V1 X 1000

Onde:

- ■ C = Concentração de fósforo da curva padrão (pg/mL)
- ■ V = Volume após a digestão da amostra (mL)
- ■ V1 = Volume da solução da amostra tomada para análise (mL)

- ■ V2 = Volume da solução de revelação da cor (mL)
- ■ m = Massa da amostra (g)

Este método permite estimar com exatidão o teor de fósforo no leite, criando uma curva padrão e comparando a absorvância da amostra para determinar a sua concentração de fósforo (NATIONAL STANDARDOF THE PEOPLE'S REPUBLIC OF CHINA., 2010).

## Referências

Chauhan A, Jindal T. Equipamentos e Instrumentos para Laboratórios Microbiológicos. In: Microbiological Methods for Environment, Food and Pharmaceutical Analysis. Springer, Cham; 2020. doi:10.1007/978-3-030-52024-3_5.

Grainger J, Hurst J, Burdass D. Basic Practical Microbiology: A Manual. The Society for General Microbiology; 2001:1-26.

Gest H. The discovery of microorganisms by Robert Hooke and Antoni Van Leeuwenhoek, fellows of the Royal Society. Notas Rec R Soc Lond. 2004 May;58(2): 187-201. doi:10.1098/rsnr.2004.0055.

Basha M. Centrifugação. In: Técnicas Analíticas em Bioquímica. Springer Protocols Handbooks. Humana, Nova Iorque, NY; 2020. doi:10.1007/978-1-0716-0134-1_3.

Gillespie EH, Gibbons SA. Autoclaves e os seus perigos e segurança em laboratórios. J Hyg (Lond). 1975 Dec;75(3):475-87. doi: 10.1017/s0022172400024517. PMID: 1059711; PMCID: PMC2130361.

Patel, Rakesh J. e Patel Kiran, R., "Experimental Microbiology Vol. I and Vol. II". Aditya Prakashan, Ahmedabad. (2009)

S .L. Taylor, J. Kabourek, FOOD INTOLERANCE | Milk Allergy, Editor(s): Benjamin Caballero, Encyclopedia of Food Sciences and Nutrition (Second Edition), Academic Press, 2003, 2631-2634, ISBN 9780122270550, https://doi.org/10.1016/B0-12-227055-X/00510-1. (https://www.sciencedirect.com/science/ article/pii/B012227055X005101 )

United States Food and Drugs Administration (2001) BAM: Screening method for phosphatase in Cheese. Disponível em: http://www.fda.gov/food/foodscienceresearch/laboratorymethods/ ucm073603.htm. Acedido em 12 de junho de 2015.

AWWA, WEF, APHA, 1998, Standard Methods for the Examination of Water and Wastewater (Métodos normalizados para o exame da água e das águas residuais)

(Métodos: 2340 C. Método titulométrico do EDTA)

Norma nacional da República Popular da China, norma nacional de segurança alimentar Determinação do fósforo em alimentos para lactentes e crianças jovens, leite e produtos lácteos Emitida em. 26 de março de 2010 Implementada em. 1 de junho de 2010.

Printed by Books on Demand GmbH, Norderstedt / Germany